Parmentier et Cadet-de-Vaux

Mémoire

sur les Blés du Poitou.

MÉMOIRE

SUR LES BLÉS DU POITOU.

MÉMOIRE

SUR les accidens que les Blés de la récolte de cette année ont éprouvé en Poitou, & moyens d'y remédier.

Par MM. PARMENTIER & CADET DE VAUX.

IMPRIMÉ PAR ORDRE DU ROI.

A PARIS,

DE L'IMPRIMERIE DE PH.-D. PIERRES,
Premier Imprimeur Ordinaire du Roi, &c.

M. DCC. LXXXV.

MÉMOIRE

Sur les accidens que les Blés de la récolte de cette année ont éprouvé en Poitou, & moyens d'y remédier.

Monsieur le Contrôleur-Général, informé que les blés du Poitou étoient infectés, cette année, d'une chenille jusqu'alors inconnue dans la Province, & désirant prévenir les suites funestes qui pourroient résulter de ses ravages pour la récolte actuelle, & pour les récoltes à venir, ce Ministre nous a chargé de remplir ses vues sur cet objet important.

C'eſt dans une circonſtance à peu-près ſemblable, qu'en 1761 MM. Duhamel & Tillet ſe tranſportèrent en Angoumois pour remédier aux dégâts qu'y occaſionnoit également un inſecte nommé depuis parmi les Naturaliſtes, *Chenille de l'Angoumois*.

Si l'inſecte du Poitou étoit de la même eſpèce que celui de l'Angoumois, il ſuffiroit de renvoyer au travail de ces deux Académiciens * : leurs noms ne peuvent jamais être étrangers dans un Ouvrage qui a pour objet les accidens & les maladies des grains; mais indépendamment de ce que l'inſecte du Poitou diffère de la chenille de l'Angoumois, le froment qui en eſt attaqué, ſe trouve encore être moucheté, c'eſt-à-dire, noirci par la pouſſiere de *carie*; maladie qui, cette année, n'a épargné aucune de nos Provinces.

---

* Hiſtoire d'un Inſecte qui dévore les grains de l'Angoumois, avec les moyens qu'on peut employer pour le détruire. A *Paris*, chez Guérin & Louis-François de la Tour, rue S. Jacques, à S. Thomas d'Aquin, 1762.

ON ne peut pas ſe diſſimuler ſans doute que la réunion de ces deux accidens ne ſoit une véritable calamité ; mais elle n'eſt pas de nature à faire tomber le cultivateur dans le découragement, s'il veut ſe conformer aux moyens qui vont lui être indiqués.

Si le malheur devient quelquefois une leçon utile, c'eſt ſur-tout dans le moment actuel où les habitans du Poitou, forcés d'employer des précautions pour leurs ſemailles, ſentiront, par le ſuccès qu'ils en obtiendront, les avantages de ne plus livrer déſormais la ſemence au haſard des plus fâcheuſes conſéquences.

De la Chenille.

C'EST dans l'état de chenille que M. le Contrôleur-Général & M. l'Intendant du Poitou nous ont fait parvenir l'inſecte dont il s'agit.

M. Tillet ne l'a pas reconnu pour la chenille de l'Angoumois.

Nous consultâmes M. Geoffroy, qui se chargea d'en élever; mais toutes ont péri, & ce savant Insectiologiste n'a pu la voir métamorphosée en papillon, état sous lequel il est plus aisé de classer les insectes.

M. Broussonnet voulut bien aussi s'occuper de faire des recherches sur cette chenille, & cet Académicien nous a donné des renseignemens qui paroissent ne plus laisser d'incertitude sur son espèce.

C'est celle du papillon de nuit décrit par Linné *, sous le nom de *Phalœna tritici.*

La description qui s'en trouve dans les Mémoires de l'Académie de Stockolm **, paroît convenir à celle du Poitou. Quand la chenille est jeune, sa couleur est jaunâtre;

---

* *Systema Naturæ* Insect. pag. 853, n° 179.

** Année 1778, page 334. Le Mémoire est de M. *Biezhauder.*

Elle est encore décrite dans le *Fauna Suecica*, n° 1211.

Fisch en parle dans son *Histoire des Insectes*, pag. 10, tab. 19.

mais elle devient griſe & noirâtre à meſure qu'elle grandit, ſa longueur ordinaire eſt de trois lignes. La tête & la premiere articulation ſont noires & luiſantes. Elle a ſur le dos trois lignes blanches droites & paralleles qui paſſent ſur la premiere articulation : celles-ci ſont au nombre de douze, les trois premieres ſont garnies de ſix pattes, la quatrieme & la cinquième n'en ont point ; la ſixieme, la ſeptieme, la huitieme, la neuvieme ont en tout huit pattes ; la dixième & la onzieme articulation n'en ont point, mais on voit deux pattes ſous la queue.

Ces chenilles attaquent non-ſeulement le froment, mais encore le ſeigle & l'avoine. Petites, elles creuſent le grain & s'y logent ; plus grandes, elles le dévorent entiérement. Elles l'attaquent ſur-tout dans le champ ; on en tranſporte avec les gerbes dans les granges ; on fait tomber une grande partie de ces chenilles en ſecouant les gerbes : c'eſt un moyen ſimple de les en détacher.

Le froid ſe fait-il ſentir, elles ſe cachent dans la terre, dans les fumiers & ſur-tout dans les mouſſes.

Ces chenilles après avoir paſſé l'hiver dans une eſpece d'engourdiſſement, ſe changent au printems en chryſalides ; elles demeurent dans cet état l'eſpace d'un ou deux mois pour ſe métamorphoſer enſuite en papillons.

Caractères généraux du Blé de Poitou.

Le blé du Poitou a généralement le caractère des bons blés ; il ſe rapproche de celui des Provinces méridionales de la France. Peſant, ſec, dur, s'il eſt le plus ſouvent glacé, & ſi conſéquemment il donne une farine d'un blanc moins éclatant que celle des blés tendres, il a l'avantage de rendre plus en pain.

L'habitude, où l'on eſt en Poitou, ainſi que dans les Provinces voiſines, de battre ſur l'aire, le peu d'attention qu'on apporte aux ſemailles, le défaut de ſarclage, l'imperfection ou le manque abſolu d'inſtrumens propres à nettoyer les grains, font qu'indépendamment des *hottons* ; il s'y rencontre des ſemences étrangères, des pierres, de la terre ; & qu'enfin les blés y ſont fort ſales : tel eſt au moins l'état dans lequel ſe ſont trouvés ceux que M. l'Intendant a fait venir pour les ſoumettre aux expériences dont nous rendrons compte.

Cette malpropreté des blés, jointe à ce que la mouture économique n'eſt pas pratiquée dans le Poitou, fait que ſouvent les farines en ſont piquées & ternes.

Des Blés de la récolte actuelle.

Les blés du Poitou provenant de la récolte actuelle, indépendamment de la chenille qui les a attaqués, ſont encore mouchetés ; pluſieurs des qualités de blé qui nous ont été envoyées réuniſſent ces deux accidens. On peut même dire qu'aucune n'eſt exempte de *noir*.

Du Blé attaqué par la chenille.

Les blés ont été plus ou moins attaqués par la chenille, ſelon les cantons & le concours des circonſtances accidentelles qui auront été plus ou moins favorables à ſa propagation.

Beaucoup de grains qui paroiſſent pleins ſont intérieurement rongés; il y en a d'abſolument vides, & dans leſquels on trouve à peine une légere couche de gruau adhérente à l'écorce.

Du Blé moucheté.

La chenille a maintenant ceſſé ſes ravages; le blé moucheté va bientôt exercer les ſiens, ſi on ne s'occupe pas de les prévenir; en ſorte que ce ſecond accident ſeroit au moins égal au premier. On peut calculer les dégâts de la chenille, elle eſt du douzieme peut-être de la totalité du blé : quant à ceux de la carie, cauſe de la moucheture des blés, ils ſont effrayans : il y a des cantons où cette année, elle a réduit au tiers, les récoltes.

La carie eſt d'autant plus redoutable, qu'elle eſt contagieuſe. Semblable à ces maladies qui ſe perpétuent de génération en génération, elle infecte les récoltes des années ſubſéquentes ; c'eſt une pouſſiere noire qui occupe dans le grain la place de la farine, elle a une odeur inſupportable de marée qu'elle communique au blé ſain.

Ou le fléau du batteur, en écraſant les grains cariés, diſperſe cette pouſſiere fine & ténue ſur la totalité du blé, qui devient par là plus ou moins moucheté, ou la carie reſte dans le grain, & forme ce qu'on appelle *cloque* ; alors ce grain échappe à l'œil le plus exercé, & le blé ſans être moucheté n'en eſt pas moins empoiſonné.

Divers rapports ſous leſquels on doit conſidérer le Blé.

MAINTENANT conſidérons le blé ſous ſes

divers rapports. Voyons jufqu'à quel degré celui du Poitou s'éloigne des qualités qui caractérifent le bon blé, & nous indiquerons enfuite les moyens de lui reftituer au moins une partie des avantages qu'il a perdus par les accidens auxquels il a été expofé.

On peut diftinguer le blé comme marchand, comme deftiné à la fabrication du pain, ou comme femence.

Du Blé marchand.

Le blé attaqué par la chenille fe vendra moins cher que celui qui n'a pas été expofé à ce genre de dévaftation. On lui rendra de la valeur en le criblant à plufieurs reprifes au crible Normand & au tarare ou ventilateur.

Il y a des déchets fans doute, & furtout dans les blés du Poitou; mais ils font bien compenfés par le prix dont s'accroît le grain. D'ailleurs, ces déchets peuvent nourrir les volailles.

Quant au blé moucheté, il fe vend

quatre francs, cent ſols de moins que celui qui ne l'eſt pas. Le moyen de lui reſtituer la valeur qu'il a perdue, c'eſt de le laver & de le faire ſécher.

Blé pour fabrication de pain.

TOUT blé, pour faire de bon pain, a beſoin d'être parfaitement nettoyé, & celui du Poitou plus que d'autres. Mais le blé, attaqué par la chenille, exige un nettoyement plus exact encore, à cauſe des débris & des excrémens que l'inſecte y a laiſſés.

Quant au blé moucheté, il ſe mout mal; ſa farine eſt ſale, molle, graſſe au toucher, & elle a une odeur de graiſſe rance. Le pain qui en provient eſt lourd, mat, d'un noir violet, & ſe cuit difficilement.

Il exiſte un moyen aſſuré de faire diſparoître ces inconvéniens, & d'obtenir du blé moucheté un pain de bonne qualité.

Blé pour ſemences.

TOUT grain, dont le germe eſt attaqué,

eſt incapable de reproduction, & c'eſt en pure perte que le ſemeur le répandroit dans les ſillons : une partie des blés du Poitou eſt dans ce cas ; il eſt donc important de ſéparer, à l'aide du crible, les grains qui ne produiroient pas, & qu'on peut utilement employer à la nourriture des animaux de baſſe-cour.

On a dit que le blé moucheté perdoit beaucoup de ſa valeur dans le commerce, qu'il faiſoit un pain de mauvaiſe qualité ; mais comme ſemence, c'eſt la peſte des moiſſons. Le lavage ſuffira pour le rendre marchand & propre à la fabrication du pain ; ſi on l'emploie pour ſemence, il faut, indépendamment du lavage, le ſoumettre à une leſſive de cendres & de chaux vive.

Nous allons traiter ces deux objets dans le plus grand détail : on ne doit pas craindre d'être minutieux quand il s'agit de procédés, ſur-tout de l'importance de ceux-ci ; car c'eſt de leur parfaite exécution que dépendra le bon ou le mauvais état des récoltes futures.

Du lavage du Blé.

On peut employer indifféremment au lavage du blé, de l'eau de riviere, de fontaine ou de puits.

Des uſtenſiles.

Les uſtenſiles néceſſaires ſont une pelle, un balai uſé, une écumoire, des corbeilles, & un tonneau défoncé par un de ſes bouts.

Du lavage au tonneau.

On verſe d'abord l'eau dans le tonneau; pour laver le blé commodément, on n'en doit pas mettre plus de ſoixante livres ou trois boiſſeaux à la fois, on remue avec une pelle; le mouvement fait nager les grains plus légers; c'eſt de la cloque, c'eſt de la ſemence vide qui ont échappé aux cribles. Il faut les enlever à la main ou avec une paſſoire.

Enſuite on frotte le blé par petites parties avec un balai uſé, mais mieux encore entre les mains, le ramenant à pluſieurs repriſes ſur lui-même de bas en haut, & de haut en bas, ſur le bord incliné du tonneau.

L'eau devient noire ; on la verſe en penchant le tonneau, on en remet de nouvelle, & ainſi juſqu'à trois & quatre fois, enfin juſqu'à ce que le grain ſoit net, & que ſa derniere eau ſorte claire.

Du lavage à la riviere.

Si on lave le blé ſur les bords d'une riviere ou d'une fontaine, c'eſt toujours d'un tonneau défoncé dont on ſe ſervira. Le courant de l'eau ou ſa chute ne ſuffiſent pas pour détacher le noir, enſorte qu'il faut néceſſairement recourir au frottement.

Du deſſéchement du Blé au ſoleil.

Si on deſtine le blé qui étoit moucheté, à être vendu ou à faire du pain, il faut le faire égoutter dans des paniers d'oſier, l'étendre enſuite ſur des bannes ou des draps au ſoleil, en couches minces; & à l'aide du dos du rateau, on le remue ſouvent pour en favoriſer le deſſéchement. Trois ou quatre heures de ſoleil ſuffiſent pour l'opérer.

Deſſéchement du Blé au four.

Au défaut de ſoleil, on pourroit faire ſécher le blé lavé ſur un four, ou dans le four même après que le pain en eſt retiré. Mais ce moyen devient long, embarraſſant & coûteux; ſi on avoit beaucoup de blé à ſécher, il faudroit chauffer le four exprès; on a des claies pour y étendre le blé qui ſe ſalirait ſur l'âtre le plus ſouvent en mauvais état, raboteux & rempli de cavités dans leſquelles la cendre ſe loge. Cette opération, comme on le conçoit, eſt préférable par un beau jour de ſoleil.

Des frais & bénéfices.

QUATRE hommes peuvent aiſément laver dans une journée vingt ſeptiers de blé, & en augmenter la valeur de quatre francs ou cent ſous par ſeptier, ce qui fait 80 à 100 livres, ſur leſquelles les frais & déchets prélevés, il reſte un bénéfice au moins de 60 liv., ſans compter la ſatisfaction pour tout Commerçant de ne point expoſer dans les marchés une denrée de premier beſoin, viciée.

Moyens de rendre le Blé moucheté propre à la ſemence.

NOUS avons dit que le blé moucheté étoit un grain ſali de pouſſiere de carie, qu'un atôme de cette pouſſière dépoſée ſur

la

la ſemence, ſuffit pour la vicier & pour vicier en même-temps tous les épis qui en naîtront. Mais, comme il exiſte des moyens, conſacrés par les expériences les plus authentiques, de parer à ce fléau, le plus redoutable des moiſſons, le Cultivateur ſeroit bien coupable de ne pas y recourir. Ce moyen eſt une leſſive de cendres aiguiſée par la chaux, dans laquelle on plonge le grain, toutefois après l'avoir exactement lavé, ainſi qu'il a été preſcrit dans l'article précédent.

De la Chaux.

COMME le temps des ſemailles eſt celui où l'on ceſſe de bâtir, & qu'alors il eſt ſouvent difficile de ſe procurer aiſément de la chaux, nous ne ſaurions trop recommander aux Cultivateurs de s'en pourvoir de bonne heure, & de la tenir dans un tonneau fermé, juſqu'au moment où l'on doit en faire uſage; ſi elle étoit ce qu'on nomme vulgairement *morte* ou effleurie, elle n'en ſeroit pas moins bonne; mais en ſuppoſant qu'elle ſoit naturellement de mauvaiſe qualité, il faudroit en augmenter les proportions.

Des Cendres.

Les meilleures proviennent du bois neuf; celles qui réſultent de la combuſtion des plantes, telles que les tiges de maïs, du ſarraſin, des fèves, des navettes, &c. peuvent être employées au même uſage, avec la précaution d'en augmenter & d'en diminuer la quantité à raiſon du plus ou moins de ſel qu'elles contiennent. Si l'on manquoit de cendres, on auroit recours à la potaſſe, à la ſoude ou aux cendres gravelées; on peut encore, dans les pays de vignoble, brûler le marc du raiſin ou les lies du vin même, après en avoir extrait l'eau-de-vie par la diſtillation; on obtiendroit par ce moyen des cendres propres à compoſer la leſſive: les cendres de houille, de charbon de terre & de tourbe ne ſont nullement propres à cet uſage.

Préparation de la Leſſive.

On ſe ſert pour cette préparation d'une cuve deſtinée à couler la leſſive ordinaire ; l'ouverture à laquelle on eſt dans l'uſage d'adapter un tuyau, quand on veut conduire l'eau dans la chaudière, doit être fermée ; on met au fond de la cuve quelques morceaux de bois qui s'entre-croiſent ; on recouvre le tout d'un drap de toile forte qui doit déborder la cuve, & au travers duquel l'eau ſeule puiſſe paſſer ; on y met de la cendre & de l'eau qu'on y laiſſe pendant trois jours, ayant ſoin de remuer de temps en temps le tout avec un bâton ; on débouche enſuite le trou qui avoit été fermé, on y place un tuyau au moyen duquel l'eau eſt conduite dans une chaudière qu'on a miſe ſur le feu. Chaque fois que cette chaudière eſt remplie, on en reverſe l'eau dans la cuve, en remuant pluſieurs fois la cendre, juſqu'à ce que le tout ſoit entièrement chaud comme pour une leſſive de linge ; alors, au lieu de remettre l'eau de la chaudière dans la cuve où eſt la cendre, on la verſe dans une cuve vide ou dans des tonneaux : lorſque la première ne contient plus qu'une petite quantité d'eau, on en reverſe une partie qu'on fait bouillir dans la chaudière, & dans laquelle on jette de la chaux vive, pour favoriſer ſa diſſolution & ſon entière diviſion ; on mêle cette eau de chaux avec l'eau qu'on a déja retirée de la cuve : la cendre qui reſte dans le drap après cette opération, ne peut plus ſervir ; il en faut de nouvelle ſi on veut préparer une autre leſſive.

Les eaux qui ont ſervi à leſſiver le linge, tiennent encore en diſſolution aſſez de ſel pour ſuppléer les leſſives que l'on propoſe. On pourroit les réſerver pour le chaulage, & y ajouter, ſi on le jugeoit à propos, une petite quantité d'un des ſels nommés.

Quantités proportionnelles des ingrédiens qui doivent compoſer une Leſſive.

LA quantité de ces différens ingrédiens doit être proportionnée à la qualité des cendres, de la chaux, & à l'état de la ſemence ; en général pour la préparation de ſoixante boiſſeaux de grain, il faut :

D'eau......................	200 pintes.
De cendre de bois neuf.......	100 livres.
De chaux vive..............	15 livres.

Maniere d'employer la Leſſive.

LORSQUE la leſſive aura acquis un degré de chaleur tel que la main puiſſe le ſupporter, on verſera le froment déja lavé dans une corbeille d'un tiſſu peu ſerré, & qui ait deux anſes relevées ; on la plongera à pluſieurs repriſes dans cette leſſive ; on remuera le grain avec un bâton ou une palette de bois pour qu'il ſoit mouillé également, on ſoulévera la corbeille pour la laiſſer égoutter ſur le cuvier ; puis on étendra ce grain ſur des tables ou ſur le plancher pour le faire ſécher promptement ; on remplira la corbeille de nouveau grain, pour recommencer la même opération, juſqu'à ce que les ſoixante boiſſeaux aient ſubi cette préparation ; obſervant de remuer chaque fois avec un bâton le fond du cuvier : de cette manière chaque grain ſe mouille & s'imprègne de leſſive. Il n'exiſte aucune autre méthode capable de remplir, auſſi bien que celle-ci, l'objet qu'on ſe propoſe, & c'eſt la ſeule dans laquelle le Fermier doit avoir confiance.

Précautions eſſentielles après l'emploi de la Leſſive.

La ſemence, ſuffiſamment pénétrée de leſſive, ne doit point être dépoſée dans un endroit où il y auroit du bled moucheté, en ſuppoſant même que cet endroit eût été nettoyé très-exactement, parce qu'elle y contracteroit bientôt le principe de la maladie. Il eſt très-prudent de retourner les facs qu'on foupçonne avoir contenu du blé carié, de les laver à grande eau en dedans & en dehors, ainfi que les corbeilles, & de les paffer même à la leffive.

On doit encore prendre la précaution de n'employer les pailles de froment moucheté, ainfi que les criblures des granges & des greniers, qu'après avoir été entiérement confommées. L'eau des lavages, la leffive qui a fervi aux immerfions ne doivent point non plus être jettées fur les terres à blé, ni fur les fumiers qu'on fe propofe d'y répandre, elles pourroient propager la contagion.

C'eft, fuivant toute apparence, à la négligence de quelques-unes de ces précautions acceffoires, & cependant indifpenfables pour la deftruction totale du *noir*, que doit être attribué le fuccès incomplet dont fe plaignent quelquefois les Cultivateurs qui emploient la leffive; qu'ils redoublent d'attention, & ils ne formeront plus aucun doute fur l'efficacité d'une méthode qui peut être regardée comme le ſpécifique infaillible de la maladie dont il s'agit.

Prix de la Leſſive.

Il eſt aiſé d'évaluer dans chaque Province le prix de la cendre & de la chaux : ces ingrédiens n'ont nulle part beaucoup de valeur, & on peut eſtimer à huit deniers tout au plus ce qu'il en coûte pour la préparation de chaque boiſſeau de grains.

Matières qu'on peut ſubſtituer à celles qu'on fait entrer dans la Leſſive.

Les Cultivateurs à portée de ſe procurer facilement de l'eau de mer, peuvent s'en ſervir au lieu de leſſive, ainſi que l'eau des puits ſalés, pourvu qu'ils aient le plus grand ſoin d'en proportionner la doſe à la plus ou moins grande quantité de ſel qu'elles contiennent.

Dans tous les endroits où le ſel eſt marchand, il ſera facile de s'en procurer à vil prix; il ſuffit d'en diſſoudre quelques livres dans une quantité proportionnelle d'eau bouillante, & d'y étendre enſuite de la chaux. On impregne la ſemence de cette liqueur, comme on le pratique pour la leſſive ordinaire.

Du Chaulage, conſidéré comme engrais des ſemailles.

Si l'on étoit bien convaincu que le grain de ſemence fût très-ſain, il ne ſeroit pas néceſſaire de recourir au lavage & à la leſſive. Alors le chaulage, comme engrais des ſemailles, eſt le ſeul qu'il faudroit employer.

De tout tems les Cultivateurs ont ſenti l'avantage de donner une préparation à leur ſemence, avant de la confier à la terre.

La plus uſitée des méthodes connues eſt le chaulage, opération faite au hazard, & qui conſiſte à arroſer le grain de chaux éteinte dans de l'eau.

A ce procédé défectueux, nous allons en substituer un plus efficace, dont les avantages seront faciles à saisir, & que viennent de confirmer des expériences intéressantes, récemment faites aux environs de la Capitale.

On laissera séjourner l'espace de vingt-quatre heures le blé dans l'eau de chaux, à laquelle on ajoutera des fientes d'animaux, de leur urine, des eaux de fumier, enfin des matieres animales, de celles qu'on pourra facilement se procurer.

On retirera le grain & on l'exposera à l'air, assez de tems seulement pour qu'il puisse glisser dans la main du semeur.

Cette préparation répare en général les vices de la semence, & fait périr les œufs d'insecte qui y seroient déposés.

A peine un champ est-il ensemencé, que les oiseaux s'y précipitent & le dévastent; aussi le semeur est-il en quelque sorte obligé de calculer leur portion. La saveur âcre qu'a le grain ainsi préparé, les écarte, ainsi que les rats, les mulots & les insectes.

On conçoit que la ſemence, pénétrée de toute l'humidité qu'elle peut abſorber, ne tardera pas à germer, talera beaucoup, qu'aucun grain ne ſe deſſéchera & ne périra en terre; tous donneront des épis forts & vigoureux, on aura des récoltes plus abondantes; d'où il réſulte qu'on peut diminuer la ſemence d'un quart, d'un tiers, & de moitié même dans les bonnes terres.

Les bons Cultivateurs ſont convaincus que c'eſt un grand abus de répandre autant de ſemence qu'on le fait, & s'il eſt un moyen de la diminuer, c'eſt celui que l'on indique.

Dix pieces de terres ſemées à mi-ſemence préparées par ce procédé, ont rapporté cette année-ci un quart, un tiers de plus que la même étendue de terrein ſemée à ſemence entiere, & les blés étoient infiniment plus beaux.

Ces divers procédés, le lavage, la leſſive des ſemences, &c. ont fait l'objet d'autant d'inſtructions publiées par la Société Royale d'Agriculture, inſtructions que nous avons été chargés par cette Compagnie de rédiger, & que M. l'Intendant de Paris a fait distribuer dans sa Généralité.

De la Mouture des Blés du Poitou.

M. l'Intendant du Poitou desirant s'assurer du parti qu'il étoit possible de tirer dans tous les tems des blés de cette Province, en employant à leur mouture & à la fabrication de leur pain les procédés de ces deux arts perfectionnés, comme ils le font dans la Capitale, nous les avons soumis d'abord à la mouture économique.

Cette mouture exige, plus essentiellement encore, des cribles, un tarare ou ventilateur, pour séparer des grains les pierres, les terres, les hottons, les semences étrangeres, leurs insectes, leurs debris, ou obtenir par ce moyen les blés les plus nets. A l'aide d'une bluterie, elle met à part les différens produits en farine, en son, & ces produits portent sur des bases constantes; elle rend à peine le huitieme en farine biſe, en ſorte qu'en réuniſſant la totalité des farines qui réſultent de ſes divers moulages, on a un pain, à *tout*, un pain de ménage qui eſt blanc; c'eſt ce qui a fait donner à la mouture économique les noms de mouture finie & de mouture à blanc.

Mais les avantages ainſi que les réſultats de la mouture économique ſont trop connus pour les expoſer ici.

Des Expériences faites ſur les Blés de Poitou.

Les moyens indiqués dans ce Mémoire ſont le réſultat d'expériences que le malheur de circonſtances qui ſe repréſentent aſſez frequemment, a fait tenter, à diverſes époques avec ſuccès; cependant pour mieux remplir les vues de M. le Contrôleur-Général, ainſi que celles de M. l'Intendant, pour ne laiſſer d'ailleurs aucune incertitude aux habitans du Poitou ſur l'efficacité de ces moyens, nous nous ſommes fait un devoir de ſoumettre les blés de cette Province à toutes les expériences que nous avons cru de nature à jetter du jour ſur l'objet qui nous étoit confié.

MM. Deſtor & Mouchy, Membres du comité de l'Ecole de Boulangerie, ont bien voulu nous aider dans ce travail, & nous avons beaucoup à nous louer de leur zèle.

Ce ſeroit donner trop d'étendue à ce Mémoire que d'entrer dans les détails de nos expériences ; nous nous bornerons à en préſenter les réſultats.

De la mouture du Blé non lavé.

DESIRANT connoître les réſultats du blé non lavé, & voir juſqu'à quel point on pourroit s'abſtenir de cette précaution, nous avons criblé au crible Normand, & au ventilateur, la plus belle qualité du blé que nous ayons reçu du Poitou, de celui qui paroiſſoit n'être qu'attaqué de la chenille, mais qui cependant étoit moucheté. Car, on le répète, aucun n'eſt exempt de moucheture ; elle devient perceptible au microſcope dans les grains où elle echappe à l'œil.

On a ſoumis deux ſeptiers de ce blé à la mouture économique.

Nous avons fait moudre ſéparément un ſeptier du blé le plus moucheté, ſans lui avoir fait ſubir le lavage, pour établir une expérience de comparaiſon dont il ſera rendu compte ; revenons au blé de la premiere mouture.

Du pain fait avec du Blé non lavé.

Les farines blanches ont été réunies d'une part, de l'autre les farines biſes, & on a fait un mêlange d'une portion de chacune de ces deux eſpeces de farines, dans l'intention d'en préparer trois qualités de pain ; du pain blanc, du pain bis, & du pain à tout ou pain de ménage, le ſeul qui repréſente réellement le blé.

Ces divers pains étoient d'une excellente qualité, ils avoient un bon goût. Le pain blanc & celui de ménage ne différoient pas d'une maniere essentielle, & le pain bis l'étoit légerement.

Nous avons fait parvenir à M. le Contrôleur-Général & à M. l'Intendant de ces trois qualités de pain, ainsi que les divers produits en farine.

Il résulte de cette expérience que pour obtenir de ce blé une farine, un pain plus blanc, & pour en augmenter la valeur dans le commerce, il seroit utile de le laver.

De la mouture du Blé moucheté, lavé.

Le blé moucheté, tel qu'il est arrivé, pesoit 226 livres, le septier, mesure de Paris, composé de douze boisseaux. Dans une bonne année, le septier des blés du Poitou, naturellement pesants, devroit excéder 240 livres.

Ce blé, séparé des criblures, qui, par leur légéreté, diminuoient sa pesanteur spécifique,

cifique, a acquis du poids, & a peſé 231 livres.

Nous négligeons de préſenter ici les quantités en farine & iſſues portées aux procès-verbaux, pour ne pas embarraſſer, par des tableaux des produits en mouture, le réſultat de ces expériences, ſeul objet important.

Du pain fait avec le Blé moucheté non-lavé.

On a criblé très-exactement le blé moucheté qu'on ne deſtinoit pas à être lavé.

On a ſéparé par ce moyen beaucoup de cloque, qui ſans cela auroit fait partie du pain.

Cependant, cette ſéparation de la cloque, la diſtinction exacte des farines & des ſons, l'abondance & l'état nouveau des levains, toute l'influence enfin de la mouture économique & de la panification, n'ont point empêché que le pain provenant de ce blé, ne fût d'un noir violet, mat, gras cuit, difpofé à fe moifir aifément; enfin, qu'il n'eût l'odeur & le goût défagréables qui font particuliers aux blés mouchetés.

Du pain fait avec le Blé moucheté lavé.

Le pain, au contraire, fait avec le blé moucheté qui a été lavé, eft d'une bonne qualité, bien levé, léger, & n'a plus ni le goût, ni l'odeur de graiffe rance, qui décèle la pouffiere de carie; enfin, il ne differe pas d'un pain fait avec d'excellent blé.

Il n'eft pas d'une blancheur extrême, mais il eft beaucoup plus blanc que ne l'étoit le pain de la premiere expérience de celui fait avec le blé qui, à l'œil, ne paroiffoit pas être moucheté, & dont la moucheture n'a été rendue fenfible qu'à l'aide du microfcope.

Nous avons dit que le blé du Poitou avoit de l'analogie avec ceux des Provinces méridionales, & le pain de ces Provinces eft fort blanc ; mais auſſi on y eſt généralement dans l'uſage de laver ou de mouiller les blés, même les plus nets. Il ſe mout alors plus aiſément ; l'humidité qu'on y ajoute en diminue la ſéchereſſe ; ſon état glacé diſparoît juſqu'à un certain point, & on en obtient des farines & un pain infiniment plus blanc. Il eſt inutile d'obſerver que le lavage exige un deſſéchement exact, pour que les blés & les farines puiſſent ſe conſerver.

De l'enſemencement du Blé piqué par la chenille.

Nous nous ſommes aſſurés que ce n'eſt pas la portion du germe, mais l'autre extrémité du grain que l'inſecte a attaqué de préférence. En conſéquence, nous avons ſemé deux ſillons, l'un de blé qui n'étoit que piqué, & il a germé ; l'autre de blé plus profondément attaqué, & ainſi que cela devoit être, ce dernier n'a pas germé.

On devoit naturellement craindre que tout blé piqué ne ſe refusât à la germination ; mais cette expérience eſt faite pour raſſurer ſur cette eſpece de crainte.

De l'enſemencement du Blé moucheté.

Nous avons également ſemé deux ſillons, l'un de blé moucheté, l'autre de blé non moucheté, mais lavé & paſſé à la leſſive de cendres & de chaux.

Il étoit inutile ſans doute de tenter cette expérience. Mille autres faits atteſtent que le blé moucheté eſt une ſemence viciée, & que la leſſive de cendres & de chaux vive en eſt le ſpécifique.

Les plantes ne ſont point encore aſſez avancées pour juger de leurs différences, un œil exercé aux maladies des grains ne tardera pas à s'appercevoir de l'altération dans la végétation du blé moucheté.

RÉFLEXIONS GÉNÉRALES.

PRIVÉ de renſeignemens exacts ſur la chenille qui a déſolé les récoltes du Poitou, & craignant en même temps qu'elle n'appartienne à une famille d'inſectes, dont les individus ont la malheureuſe faculté pour nos productions, de parcourir pluſieurs fois dans l'année le cercle de leur métamorphoſe ; nous crûmes qu'il étoit de notre devoir, pour calmer les inquiétudes de M. le Contrôleur-Général & de M. l'Intendant de la Province, de donner un rapport préliminaire.

Nous inſiſtâmes d'abord ſur la néceſſité de battre auſſi-tôt la totalité de la moiſſon infectée, de vanner & de cribler le blé, à diverſes repriſes, afin de ſéparer l'inſecte ou ſes dépouilles. Ce premier ſoin indiqué, nous recommandâmes de faite moudre autant de grains qu'il ſeroit poſſible, & dans la ſuppoſition qu'il y auroit des œufs à leur ſurface, de les chaufourner, ou de les plonger dans l'eau bouillante, avec d'autant plus de confiance, que dans l'un & l'autre cas, on ſait que le degré de chaleur employé ne peut endommager le germe, & qu'en général la chenille a la vie moins dure que le charançon ; enfin la précaution de mettre le feu au chaume qui avoit porté les épis attaqués, nous parut efficace, comme elle nous le paroît encore, si la charue n'y a pas passé, en cernant toutefois le terrein où cette opération deviendroit nécessaire. Tels furent les moyens que nous proposions, en les soumettant au jugement des personnes éclairées qui pouvoient en apprécier la valeur sur les lieux & les faire mettre en pratique.

Mais d'après les connoissances ultérieures qui nous ont été communiquées, & l'examen du blé infecté par la chenille, nous sommes plus rassurés, & nous pouvons annoncer que l'on n'a à craindre, dans le moment présent, sa réapparition qu'au printems prochain; ensorte que les blés du Poitou de la récolte actuelle peuvent non-seulement passer par le commerce dans les autres Provinces sans aucun inconvénient, mais encore servir à la semence, moyennant qu'on les y rendra propres par les cribles, par les lavages à grande eau, & par la préparation de la lessive.

Cependant ſi les préparations indiquées pour les ſemailles doivent mettre les récoltes à venir à l'abri de la carie, de cette maladie qui en diminue quelquefois juſqu'à un tiers, & qui à la grange viciera le reſte échappé à la contagion, nous ne pouvons nous diſſimuler qu'on ne ſauroit avoir la même ſécurité à l'égard des ravages futurs de la chenille.

Sans doute ſi les papillons s'étoient réfugiés dans la grange ou dans les greniers, il ſuffiroit de bien nétoyer ces endroits, d'en broſſer les mûrs & de viſiter les crevaſſes, les cavités qui pourroient receler l'animal & y perpétuer le fléau. Il ſuffiroit de mettre le blé en ſacs iſolés, &, à défaut de ſacs, de n'en former que de petits tas qu'on couvriroit de draps ou de couvertures, afin de les mettre à l'abri des papillons qui viendroient pondre deſſus. Il ſeroit néceſſaire enfin de fermer les fenêtres & toutes les iſſues du grenier, pour leur en interdire la ſortie & empêcher qu'ils n'aillent, au gré des vents, diſperſer ſur les pieces de froment leur nombreuſe poſtérité.

Mais, nous le répétons, l'insecte dont il est question, n'est ni la chenille de l'Angoumois, ni la fausse teigne connue vulgairement sous le nom de ver à blé, & qui forme à la superficie des tas de grains une nappe soyeuse; celle du Poitou semble appartenir aux champs plutôt qu'aux greniers; elle s'y est montrée sous forme de papillons à l'époque où les épis ont commencé à se former; elle y a fait sa ponte; & à peine la chenille étoit-elle sortie de l'œuf qu'elle a piqué le grain encore tendre & humide, & s'en est nourrie : une très-petite quantité a été transportée à la grange avec la gerbe, le plus grand nombre est demeuré en terre pour s'y changer en chrysalide; là sans doute elle attend pour reparoître au Printems sous forme de papillon, & pour déposer la chenille qui exercera de nouveau ses ravages sur les blés de la récolte suivante, si les gelées, les pluies & d'autres circonstances favorables à leur destruction, ne se réunissent pour l'opérer.

Quoique l'état de chrysalides soit un état d'engourdissement, d'engourdiſſement, qui permette d'attaquer plus ſûrement cette claſſe d'inſectes, comment les découvrir toutes dans leurs retranchemens, ſi elles ont choiſi pour retraite les fumiers, les mouſſes, les pierres répandues dans les champs ou celles qui les bordent, à moins que de zélés citoyens enflammés pour la cauſe commune ne ſe déterminent à remonter juſqu'aux ſources de ces retraites, & à y établir une guerre preſque continuelle, pour en prévenir, s'il eſt poſſible, la reproduction; c'eſt ſur-tout à ceux qui cultivent l'Hiſtoire Naturelle, dans cette Province, à ſuivre les mœurs & l'allure de cette chenille; & à s'aſſurer ſi elle eſt particuliere au blé ou bien à quelques plantes de la claſſe des gramen répandus dans les prairies, & qui ayant manqué cette année à cauſe de l'extrême ſécheresſe qui a régné dans toutes nos Provinces, auront forcé l'animal d'aller chercher ſa pâture ſur des champs moins arides : c'eſt du moins l'opinion de M. l'Intendant du Poitou, & elle paroît vraiſemblable.

Formons des vœux pour que les habitans du Poitou, plus éclairés sur leurs véritables intérêts, veuillent mieux soigner leurs semailles, leurs récoltes & leurs greniers ; qu'ils puissent bientôt adopter la mouture économique & le commerce des farines ; c'est alors qu'ils jouiront de tous les avantages que leurs blés réunissent naturellement.

FIN.

www.ingramcontent.com/pod-product-compliance
Ingram Content Group UK Ltd.
Pitfield, Milton Keynes, MK11 3LW, UK
UKHW021032180726
13838UKWH00004B/1751